专项职业能力考核培训教材

文绣造型

桂林市人力资源和社会保障局
桂林市人力资源社会保障学会　组织编写

U0285182

中国劳动社会保障出版社

图书在版编目（CIP）数据

文绣造型 / 桂林市人力资源和社会保障局，桂林市人力资源社会保障学会组织编写 . -- 北京：中国劳动社会保障出版社，2023

专项职业能力考核培训教材

ISBN 978-7-5167-6041-3

Ⅰ. ①文…　Ⅱ. ①桂…②桂…　Ⅲ. ①文身–美容–职业培训–教材　Ⅳ. ①TS974.16

中国国家版本馆 CIP 数据核字（2023）第 193614 号

中国劳动社会保障出版社出版发行

（北京市惠新东街 1 号　邮政编码：100029）

*

北京市白帆印务有限公司印刷装订　　新华书店经销

787 毫米 ×1092 毫米　16 开本　6 印张　111 千字

2023 年 10 月第 1 版　　2023 年 10 月第 1 次印刷

定价：24.00 元

营销中心电话：400-606-6496

出版社网址：http://www.class.com.cn

前　言

职业技能培训是全面提升劳动者就业创业能力、促进充分就业、提高就业质量的根本举措，是适应经济发展新常态、培育经济发展新动能、推进供给侧结构性改革的内在要求，对推动大众创业万众创新、推进制造强国建设、推动经济高质量发展具有重要意义。

为了加强职业技能培训，《国务院关于推行终身职业技能培训制度的意见》（国发〔2018〕11号）、《人力资源社会保障部　教育部　发展改革委　财政部关于印发"十四五"职业技能培训规划的通知》（人社部发〔2021〕102号）提出，要完善多元化评价方式，促进评价结果有机衔接，健全以职业资格评价、职业技能等级认定和专项职业能力考核等为主要内容的技能人才评价制度；要鼓励地方紧密结合乡村振兴、特色产业和非物质文化遗产传承项目等，组织开发专项职业能力考核项目。

专项职业能力是可就业的最小技能单元，劳动者经过培训掌握了专项职业能力后，意味着可以胜任相应岗位的工作。专项职业能力考核是对劳动者是否掌握专项职业能力所做出的客观评价，通过考核的人员可获得专项职业能力证书。

为配合专项职业能力考核工作，在人力资源社会保障部教材办公室指导下，桂林市人力资源和社会保障局、桂林市人力资源社会保障学会组织有关方面的专家编写了专项职业能力考核培训教材。教材严格按照专项职业能力考核规范编写，内容充分反映了专项职

1

业能力考核规范中的核心知识点与技能点，较好地体现了适用性、先进性与前瞻性。教材编写过程中，我们还专门聘请了相关行业和考核培训方面的专家参与教材的编审工作，保证了教材内容的科学性及与考核规范、题库的紧密衔接。

专项职业能力考核培训教材突出了适应职业技能培训的特色，不但有助于读者通过考核，而且有助于读者真正掌握知识与技能。

教材编写是一项探索性工作，由于时间紧迫，不足之处在所难免，欢迎各使用单位及读者提出宝贵意见和建议，以便教材修订时补充更正。

目 录

培训任务 1 文绣造型理论基础

学习单元 1 文绣造型认知 ······················3

学习单元 2 工作准备 ······················8

学习单元 3 卫生与安全 ······················16

培训任务 2 眉毛文绣造型

学习单元 1 眉形设计 ······················21

学习单元 2 雾眉文绣操作 ······················28

学习单元 3 线条眉文绣操作 ······················38

培训任务 3 眼线文绣造型

学习单元 1 眼线设计 ······················47

学习单元 2 眼线文绣操作 ······················52

培训任务 4 唇部文绣造型

学习单元 1 唇形设计 ······················59

学习单元 2 唇部文绣操作 ······················66

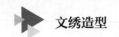
培训任务5　文绣造型店创新创业

学习单元1　市场评估 ………………………………………… 77

学习单元2　市场营销 ………………………………………… 79

学习单元3　启动资金预测 …………………………………… 82

学习单元4　财务计划制订 …………………………………… 84

附录1　文绣造型专项职业能力考核规范 ………………………… 86

附录2　文绣造型专项职业能力培训课程规范 …………………… 88

培训任务 1

文绣造型理论基础

学习单元 ①

文绣造型认知

知识要求

一、文绣造型概述

1. 文绣造型的概念

文绣造型是一种皮肤着色技术，它将色素文于表皮，形成稳定的色块，色素通过表皮层呈现出来，从而达到扬长避短、修饰美化的作用。文绣造型是艺术和科学的融合，是美丽、神秘、性感、魅力的象征，也是独特个性的体现。文绣造型不仅是一项技术性的工作，也是一门创造美丽的艺术，它需要文绣造型从业人员具有极强的审美能力和美容化妆技巧。

2. 文绣造型的发展

文绣造型的发展，大致可分为以下四个阶段。

（1）文眉。20 世纪 70 年代末至 80 年代初，我国台湾和香港掀起了一股文眉风潮，可以说是文眉技术的真正诞生。操作者利用文身技术的原理，把文身针绑在筷子上，再用针蘸上色乳，针对眉毛的缺陷进行修饰。操作者依靠这种简单的方法，解决了爱美人士每天画眉而又不能持久的困扰。

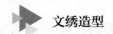

（2）绣眉。20世纪90年代后，文眉技术有了进一步发展，出现了仿真感线条的绣眉技术。这项技术是在文眉笔上装上排针，根据皮肤的厚度，刺入皮肤并控制深度在表皮与真皮间。操作者对顾客皮肤的实际情况进行分析后，掌握进针深浅，以不出血为原则。

（3）飘眉。2008年，飘眉风潮来袭。飘眉通过材料的运用及文饰仿真手法在技术上进行了更新。这一技术巧妙地运用线与面的融合，利用液态色乳渗透在皮肤的表面，用膏体色乳描画线条，达到双层上色的效果。飘眉运用的是仿真眉毛的飘线感，用色及材料的优化组合，具有细致的真实感。

（4）文绣。随着科技和社会的发展，文绣机的出现让文饰技术变得更加简单且易操作。文绣也称半永久化妆术，为爱美人士文出精致的眉、眼线、唇，让美丽更加持久。

3. 文绣造型的原理

文绣造型技术主要是用文绣机或文绣笔将染色材料文于表皮，形成稳定的色块，进入皮肤的色素形成小颗粒，直径小于 1 μm，很快被胶原蛋白包围，无法被吞噬细胞吞噬，从而形成标记。

人的皮肤分为三层，由内向外分为皮下组织、真皮和表皮。表皮是皮肤最外一层，有保护作用，由外向内分为角质层、透明层、颗粒层、棘层、基底细胞层，如图1-1所示。文绣造型在表皮的颗粒层进行，表皮没有血管，但有许多神经末梢，因此文绣造型中不应出现出血、红肿等现象。

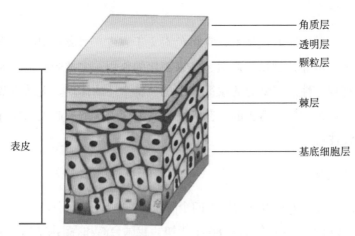

图1-1 表皮结构

二、文绣造型美学基础

1. 素描

　　文绣造型的设计过程与素描有非常契合的审美联系，把点、线、面三维虚与实具有的空间感、颜色以及质感巧妙结合起来，形成一个整体画面，统一中有变化。

　　训练素描能力，可以让文绣造型更加有艺术感并且符合现代审美要求。例如，眉毛中的眉头、眉峰、眉尾都是有变化和差异的，如果没有变化则会显得呆板、单调；如果没有统一性，就会显得杂乱、不协调。为了更好地学习文绣造型，可以利用素描的表现方式来进行绘画。

　　（1）文绣素描练习用笔一般选用铅笔、碳笔、彩铅，用纸选用普通的素描纸。

　　（2）执笔方法一般采用横握法或三角握法，如图 1-2 所示。

图 1-2　执笔方法

　　（3）画线可以训练稳定性，对于文绣造型从业人员实操具有极其重要的作用，可以按照如图 1-3 所示的眉形线条进行练习。

2. 色彩

　　色彩是指光从物体反射到人的眼睛所引起的一种视觉感受，没有光就没有色彩。色彩的三属性是指色彩的色相、明度和纯度，是界定色彩感官识别的基础，灵活应用三属性变化是色彩设计的基础。

　　（1）色相。色相是指色彩的相貌，是不同波长的色光被感觉的结果，是色彩最显著的特征。光谱中有红、橙、黄、绿、蓝、紫六种基本色光，人的眼睛可以分辨出大约 180 种颜色。基本色相环如图 1-4 所示。

1）画出标准眉形边框

2）第一层线条：直斜平下到眉心，五根一致山字形，两根长长往下送，三根短短压边框，一根更比一根长

3）第二层线条：见缝插针要包裹，平行包裹至眉心

4）第三层线条：见缝插针线略长

5）第四层线条：见缝插针线更长

6）第五层线条：两根收住大水滴

7）后半部分：一根更比一根长，最后一根定边框

8）边框压好不跑形，见缝插针连接好

9）见缝插针，线条眉完成

图 1-3　眉形线条练习

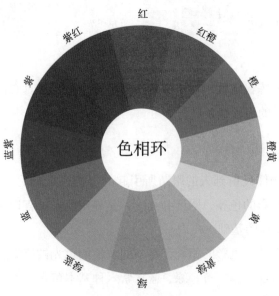

图 1-4　基本色相环

（2）明度。明度是指色彩的明暗程度，是色彩明暗的差别和深浅的区分，其具有相对独立的特征。在无彩色中，黑、白、灰只有明度差，其中白色明度最高，黑色明度最低。在光谱中，黄色明度最高，紫色明度最低。一种颜色如果混入了明度高的色彩（如白色），明度就会提高；反之，加入明度低的色彩（如黑色），明度就会降低。色彩明度变化如图1-5所示。

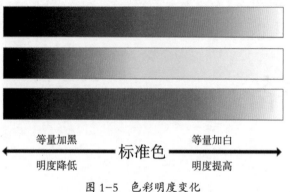

图 1-5　色彩明度变化

（3）纯度。纯度是指色彩的饱和、纯净、鲜艳的程度。颜色中含有纯色成分的比例越大，纯度越高；反之，颜色的纯度越低。在所有的色彩中，红色的纯度最高。

在任何一个纯色中加入白色，明度虽然提高，但纯度降低；加入黑色，不但明度降低，纯度也会降低。红黄蓝三色纯度变化如图1-6所示。在日常生活中，人们眼睛能看到的色彩大部分都是纯度较低的颜色。文绣造型中，如何把高纯度的色彩变成低纯度的色彩，对于文绣造型从业人员来说是非常重要的技能，日常应勤配色、多练习。

图 1-6　红黄蓝三色纯度变化

文绣造型主要是指眉眼唇的文饰，把色乳注入皮肤表皮，这是一种半永久的美妆技术，通过皮肤和色乳的变化达到美容的目的。其文绣色彩的部位是相对恒定的，与皮肤色彩的搭配讲究自然、和谐，以更好地弥补先天不足和完善容貌。色彩的三要素密不可分，应在不断练习和实践中掌握有机结合与有效运用的技巧。

工作准备

🔢 知识要求

一、环境准备

1. 规划

文绣造型实体店跟美容院规划大致相同，通常情况下，门店内部包含下列区域。

（1）等候区。等候区布置应舒适、温馨，给顾客留下美好的印象，让顾客放松。可备有杂志、报纸供顾客翻阅，或放置电视机让顾客在等候时观看。

（2）接待区。接待区布置应宽敞、明亮、整洁，一般设在左区或进门后的正中央。接待区一般放置供接待员和顾客进行初步交流的桌椅、茶水设备、文绣造型样板、工作计算机、收银设备等。接待区要给顾客留下专业的印象，让顾客产生信任感。

（3）操作工作区。操作工作区应保持干净，定期消毒，设备整洁完善，室内安静并具有良好的隐私性，其空间以能容纳一位顾客、一位文绣造型从业人员和所需的设备、资料且不拥挤为度，多采用长方形的房间。操作工作区应有足够的电源以驱动各种仪器设备，随时供应冷热水，保持适宜的温湿度。另外，操作工作区的装潢应稳重、现代并显示出专业性，要营造出舒缓的气氛，使顾客感到信任和放松。

2. 布置

（1）色彩感受。不同的色彩给人不一样的心理感受，文绣造型实体店的色彩应避免使用过于花哨的跳色、单一的冷色等，应用色和谐、冷暖适宜，给顾客良好的视觉和心理感受。

（2）装修要求。地面建议采用防滑地砖或仿古砖，并做局部防水处理；墙面用防水乳胶漆或壁纸；顶部用防水乳胶漆或铝扣板。顶部中心设置可调节顶灯，光源以柔和暖光为宜；灯带通常采用白色日光灯；不同层次灯具设分控开关，配合文绣专业灯使用。

（3）必备家具。文绣造型操作需要配置可调节高度的美容床和美容专用椅，也要配置梳妆台、衣柜、消毒柜等。

二、工具准备

文绣造型工具的名称、图示及用途见表1-1。

表1-1　　　　　　　　　　　　文绣造型工具

名称	图示	用途
工具箱	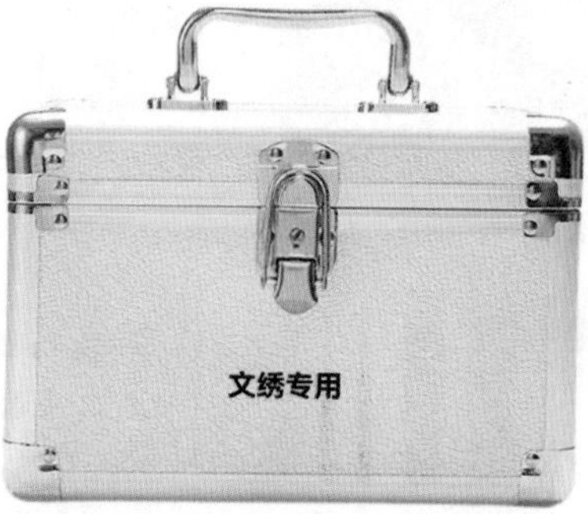 文绣专用	收纳文绣造型的工具
文绣机	 文绣	文绣造型
文绣手工笔	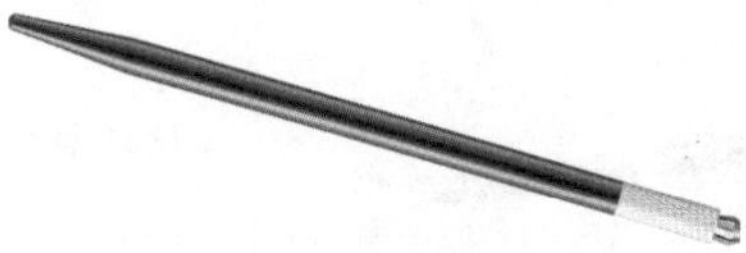	装上针片，手持进行文绣造型

续表

名称	图示	用途
不锈钢盘		放置消毒棉
修眉刀		修整眉形
修眉剪刀		修剪眉毛
色乳戒指杯		一次性环保材质，放置所需的色乳
针片／头		一次性针片／头，用于蘸取色乳进行文绣造型
螺旋眉刷		整理眉毛
眉笔		设计眉形

续表

名称	图示	用途
眼线笔	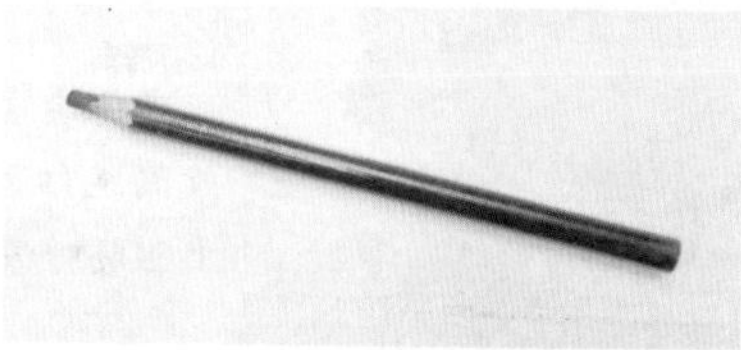	设计眼线
唇线笔	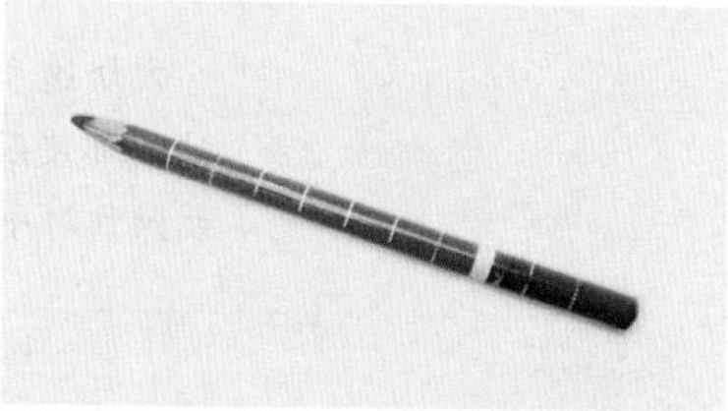	设计唇形
牙签	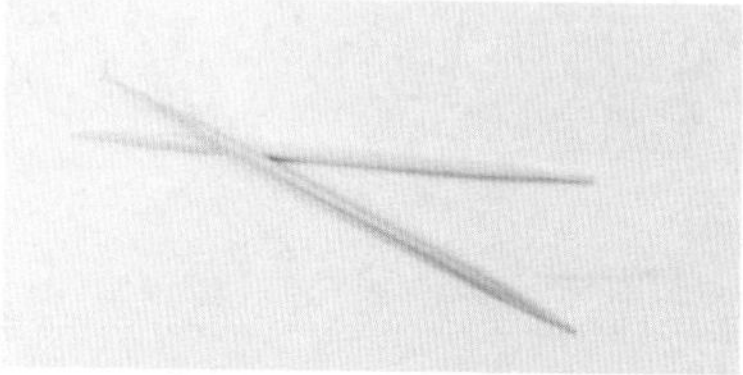	刮去稳定剂，调配色乳等
棉签	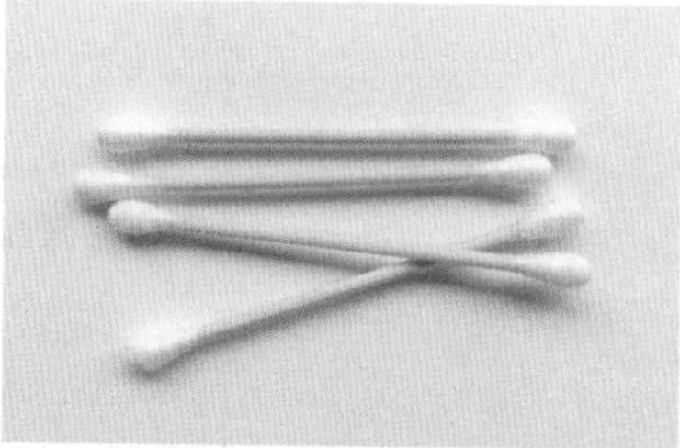	清洁皮肤、唇部等的局部色乳
棉片		清洁皮肤，擦除多余的色料

三、用品准备

文绣造型用品的名称、图示及用途见表1–2。

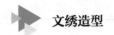
表1-2 文绣造型用品

名称	图示	用途
一次性医用口罩		文绣造型从业人员佩戴，能有效隔绝细菌、灰尘，在一定程度上阻隔呼吸道疾病的传播
一次性乳胶手套	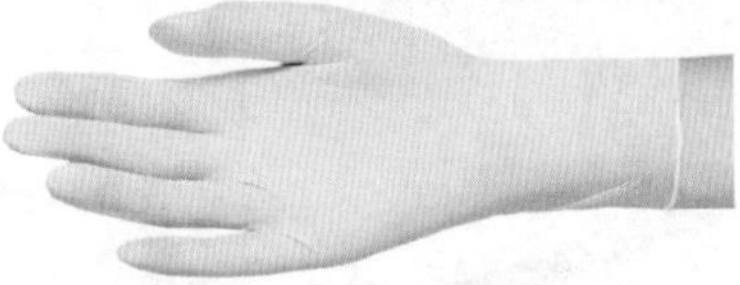	文绣造型从业人员佩戴，可保护手部皮肤，防止细菌感染，增大操作时手部与设备的摩擦力
生理盐水		清洁、消毒、抗菌
75% 医用酒精		消毒工具和双手，必要时可用于消毒顾客的皮肤
清洁啫喱	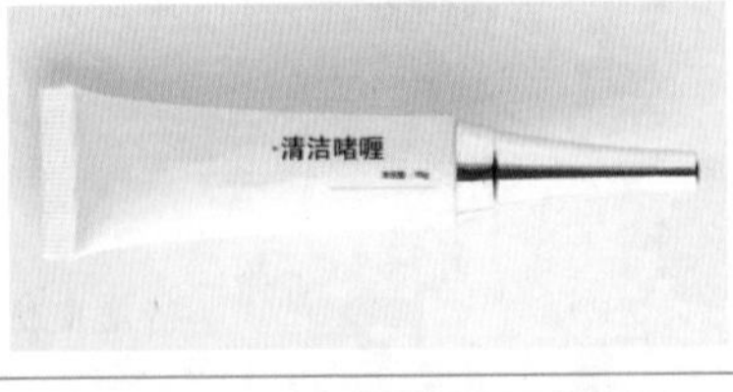	清洁需要文绣的部位和文绣过程中多余的色乳
清洁油		清洁在仿真皮上练习时留下的色料，通常为橄榄油

续表

名称	图示	用途
环保文绣色乳		文绣造型上色
碘伏		消毒顾客的皮肤、唇部等
稳定剂		缓解顾客在文绣过程中可能产生的轻微痛感
修复剂		帮助文绣造型结束后的局部皮肤修复
保鲜膜	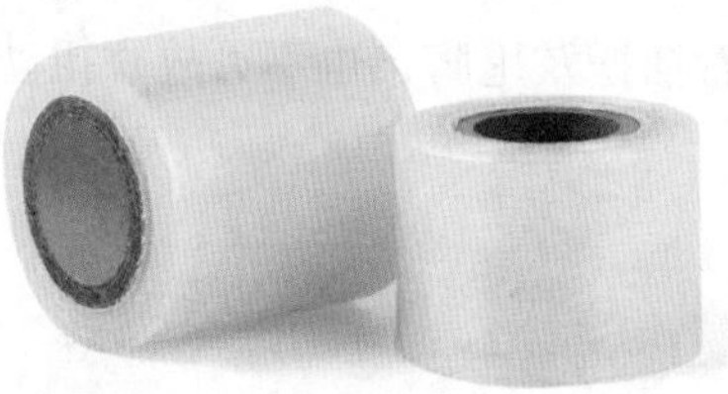	盖住涂抹文绣相关用剂的部位，让其效果更好
甲硝唑液	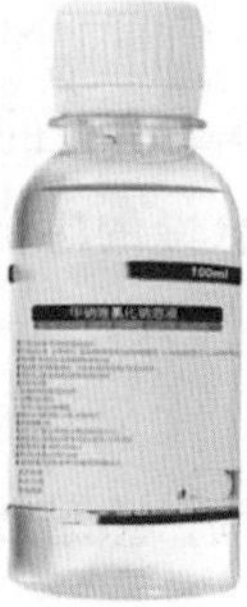	常用于唇部文绣时的清洁消毒

13

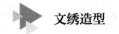

四、个人准备

1. 职业道德

文绣造型不只是简单的操作，而且需要一定的操作技巧和良好的心态，因此从业人员需要具备良好的职业道德，具体表现为以下几点。

（1）遵守国家法律法规和行业企业规章制度。

（2）严格执行卫生消毒制度，熟知安全措施。

（3）乐于学习，心智健全，不断提高自身素质。

（4）诚实守信，尽心尽责。

（5）亲切温和，礼貌待客。

（6）仪表端庄，举止文雅。

（7）精益求精，服务周到。

2. 职业形象

文绣造型从业人员必须保持正确优美的姿势、高雅端庄的仪态。

（1）站姿。站立时，应表情自然、目光平视、双唇微闭、下巴微收，颈部挺直、挺胸、收腹、提臀，双臂自然下垂、双肩放松向后。女士双脚并拢，呈"V"字形或者"丁"字形站立；男士双脚平行，适度分开，与肩同宽。

（2）坐姿。坐时脸部表情自然，目光不涣散，面带微笑，上身保持站立时的姿势，双膝盖自然并拢，双脚不分开或者微微分开，两脚不可交叉。

（3）走姿。走路时身体挺直，不可左右晃动，不可摆动手臂、甩手，双脚基本走在一条直线上，步伐平稳，不可左右摇摆及甩脚，也不可故意扭动臀部。

3. 职业礼仪

（1）电话沟通礼仪

1）一般在电话铃声响起 3 声内接听。

2）使用礼貌称呼，如先生、女士。

3）说话要清晰明确，声音适当，给人自信、真诚的感觉。

4）及时回应顾客，不要让顾客产生被怠慢的感觉，要让顾客感受到被重视和尊重。

5）记录顾客的需求，填写通话记录。

6）挂断通话前要确认顾客已经完成了咨询，感谢对方的来电，并真诚邀请顾客到店进一步咨询和感受服务。

7）待顾客挂断电话后，再挂电话。

（2）现场沟通礼仪

1）微笑欢迎顾客，展现亲切、专业的服务形象。

2）保持饱满、稳定的情绪与顾客沟通。不可因为顾客有强烈下单意向而喜形于色，更不可因为顾客犹豫、不愿下单而冷嘲热讽或步步紧逼。

3）耐心倾听顾客的想法，眼睛平视顾客，表示尊重。

4）善用赞美的语言，用热情传递信息。如果顾客表示要再考虑考虑，文绣造型从业人员应表示理解，依然笑脸示人，热情不减，给顾客留下良好的印象。

5）当顾客离开时，要向顾客礼貌道别，一般将顾客送出门店，目送其离开。

卫生与安全

知识要求

一、常用的消毒方法

1. 物理消毒

通过机械（如流动的水）、热、光、电、微波、辐射等物理手段对某些污染物进行消毒的方法，称物理消毒法。常用的四大物理消毒方法有煮沸法、高压蒸汽法、紫外线照射法、电离辐射法。

文绣造型的工具比较简单，且是在皮肤表皮进行操作的，建议使用煮沸法进行工具消毒，操作简单，效果好。将需要消毒的可水洗、耐高温的工具，如文绣手工笔、文绣针片等放入煮沸的水中，一般 10 ~ 30 min 后取出，晾干。

2. 化学消毒

化学消毒是指用化学消毒药物作用于微生物和病原体，使其蛋白质变性，失去正常功能而死亡。常用的化学消毒方法有表 1–3 中的四种。

方法	说明
浸泡法	将被消毒的物品洗净、擦干后浸没在规定浓度的消毒液内。注意浸泡前要打开物品的轴节或套盖，要注意查看待消毒物品是否可以接触消毒液，以免损坏物品
擦拭法	蘸取规定浓度的化学消毒剂擦拭被污染物品的表面或人体皮肤。一般选用易溶于水、穿透力强、无显著刺激性的消毒剂，如用75%医用酒精或者生理盐水来擦拭皮肤进行消毒
喷雾法	在规定时间内用喷雾器将一定浓度的化学消毒剂均匀地喷洒于空间或物品表面进行消毒，常用于地面、墙壁、空气、物品表面的消毒。经常使用75%医用酒精喷在修眉刀、色乳戒指杯或双手上进行消毒
熏蒸法	在密闭空间内将一定浓度的消毒剂加热或加入氧化剂，使其产生气体在一定时间内进行消毒，适用于不能蒸煮、不能浸泡物品的消毒

表 1-3　　　　　　　　　　　　化学消毒方法

二、操作卫生与安全

1. 操作环境

文绣造型是一种表皮的着色技术，因此文绣造型操作应保证在安全卫生的条件下进行。操作环境中必须有专门的器械工具，应设置便于操作的环境、气氛、光线，保持整洁、卫生又不失温馨感，如图 1-7 所示。

图 1-7　操作环境

（1）干净卫生。文绣造型实施于人体皮肤表皮，细菌容易入侵，文绣造型操作间要保持清洁和卫生，并做好定期消毒处理。

（2）安静舒适。为了确保安全，文绣造型从业人员操作时需要集中精力，顾客需要彻底放松，因此安静舒适的环境对文绣造型从业人员和顾客都是非常必要的。

（3）适度的灯光。照明是文绣造型操作的重要条件。适度的光线可减少文绣造型从业人员的视觉疲劳，保证文绣造型质量，也让顾客有安全感。

2. 工具使用

文绣工具可以帮助文绣造型从业人员更加精细、细致地完成"作品"，使顾客得到更满意的文绣效果。

使用前应对文绣工具进行清洁和消毒，以防止传染疾病。要注意选用对人体无害的天然色乳，其不会引起不良反应，而且化学性能稳定。一次性的物品（如针片、口罩、乳胶手套等）不要二次利用。要认真学习文绣工具的使用方法，并勤加练习操作，熟练掌握，以便在作业中灵活运用。同时，应保持正确的发力，不要强行作业或使用蛮力。

只有在卫生、安全的前提下，文绣造型才能确保让人满意的效果，给人以美的感受，如图1-8所示。

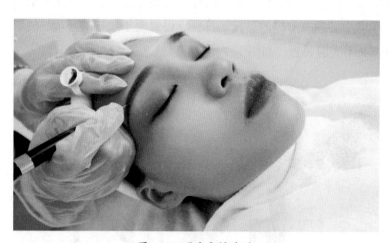

图1-8　现代文绣造型

培训任务 2

眉毛文绣造型

眉形设计

知识要求

一、眉形设计方式

眉形设计方式见表 2-1。

表 2-1　　　　　　　　　　　　　眉形设计方式

图示	说明
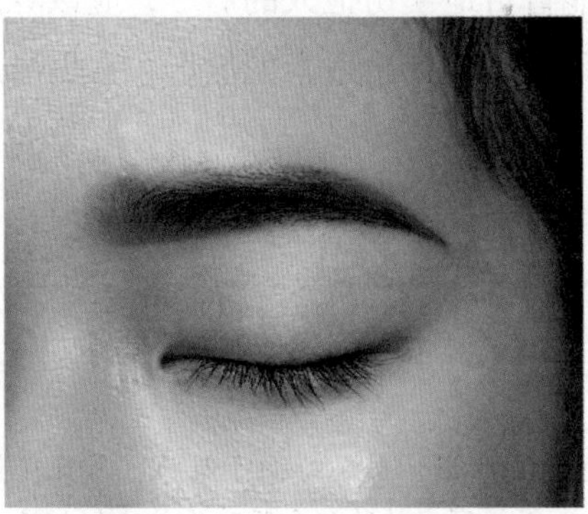	涂抹式 用文绣专业眉笔，直接在眉毛部位涂上适合的颜色，形成眉形

续表

图示	说明
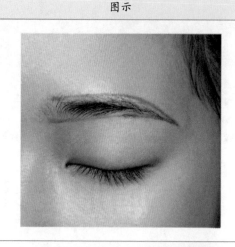	**打框式** 用文绣专业眉笔，在眉毛部位画上一个眉形框，形成眉形
	**画线式** 用文绣专业眉笔，根据眉毛的生长方向，在眉毛部位画上一根一根的线条，形成眉形

二、常见眉形

眉形设计是眉毛文绣造型的关键步骤。不能盲目地模仿他人的眉形，应该尊重顾客的爱好和审美观，结合顾客的面部特点、形象气质设计出适合的眉形。常见眉形见表2-2。

表2-2   常见眉形

图示	说明
	标准眉 标准眉也称自然眉，眉尾略高于眉头，眉峰在整条眉的2/3处，根据顾客的脸形和眼睛设计比例相协调的标准眉，这种眉自然、大方

续表

图示	说明
	高挑眉 整个眉毛偏细，眉峰较高，眉尾也比较高，可以在视觉上拉长脸形。该眉形易使人显得老相和凶悍，应谨慎使用
	一字眉 眉形平直，整条眉基本在同一水平线上，这种眉形显得纯朴可爱，在视觉上有强烈的横向效果，有拉宽脸形的视觉效果，缺点是可能会略显生硬、呆板
	**平眉** 平眉比一字眉要自然一些，眉头和眉尾基本上在一条水平线上，眉心的地方略有弧度，有很强的拉宽脸形的视觉效果，不会显得太生硬
	上扬眉 整条眉毛有挺拔的倾斜度，眉峰、眉尾上扬，眉峰的弧度不大，上挑拉长，比较有气势

三、不同脸形适合的眉形

不同脸形适合的眉形见表2-3。

表2-3 　　　　　　　　　　　**不同脸形适合的眉形**

脸形	图示	脸形特点	适合眉形
标准脸		标准脸通常指椭圆形脸，脸部线条柔顺自然，轮廓与鹅蛋相似，呈椭圆形，下巴微圆，被认为是中国女性的标准脸形	适合自然的标准眉形

续表

脸形	图示	脸形特点	适合眉形
圆形脸		圆形脸的长宽比例接近1，面部肌肉饱满，侧面弧度扁平，上额角、下颌角比较宽，颧骨不明显	适合高挑眉，有拉长脸形的视觉效果
方形脸		方形脸是指脸的长度和宽度几乎一样，额头和腮部轮廓方，极具现代感	适合高挑眉，有拉长脸形的视觉效果
长形脸		长形脸是指脸形较长，额头和腮部轮廓方硬，显得年龄大、严肃	适合一字眉，有缩短脸形的视觉效果
菱形脸		菱形脸也称钻石脸，额头比较窄，下巴比较尖，颧骨高，显得清瘦	适合平眉、一字眉，有拉宽额头的视觉效果

续表

脸形	图示	脸形特点	适合眉形
倒三角形脸		倒三角形脸也称锥子脸，额头宽，下巴尖，颧骨明显	适合上扬眉或高挑眉，眉尾不能拉长

技能要求

眉形设计

操作准备

眉形设计的工具、用品准备见表 2-4。

表 2-4　　　　　眉形设计的工具、用品准备

序号	工具、用品名称	数量	规格类型
1	75% 医用酒精	1瓶	标准型
2	清洁啫喱	1支	标准型
3	棉片	1包	标准型
4	棉签	1盒	细支
5	原浆抽取式面巾纸（抽纸）	1包	标准型
6	修眉刀	1把	不锈钢
7	修眉剪刀	1把	小号，不锈钢
8	螺旋眉刷	1把	中号，一次性
9	眉笔	3支	中咖啡色、深咖啡色、灰色
10	一次性乳胶手套	1副	医用级
11	一次性口罩	2个	医用级

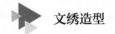
操作步骤

步骤1 观察与沟通

根据顾客的脸形、气质、年龄、喜好提出眉形设计方案，实例见表2-5。

表2-5　　　　　　　　　　　　　　　眉形设计方案实例

图示	顾客特点	设计方案
	标准脸	适合自然的标准眉形
	年龄20岁左右，略显清瘦，皮肤白皙	眉形不宜太细，不适合高挑眉，眉色选用适中的咖啡色
	顾客喜欢自然、眉峰圆润的眉毛	标准的自然眉

步骤2 设计准备

（1）用酒精对修眉刀、修眉剪刀进行消毒。

（2）用清洁啫喱对顾客的眉毛进行清洁。

（3）用抽纸吸干眉毛上的水分和油分。

步骤3 设计

（1）用五点定位法确定眉峰、眉头、眉尾的位置。五点定位法是指在眉毛上标注出五个点位的方法，这五个点位分别是眉峰、眉心、上眉头、下眉头、眉尾，如图2-1所示。

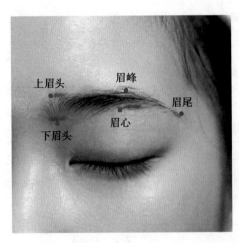

图2-1　眉毛五点定位

（2）将多余的眉毛修除，修整眉形，如图 2-2 所示。

（3）用眉笔描绘出眉框，如图 2-3 所示。

图 2-2　修眉

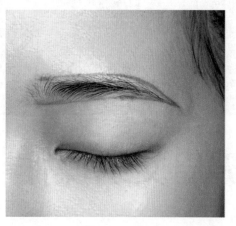

图 2-3　画眉框

（4）用眉笔进行填色，如图 2-4 所示。

（5）再次与顾客沟通，确认眉形是否满意，如果需要修改，可用棉签擦除调整，如图 2-5 所示。

图 2-4　填眉色

图 2-5　修整眉形

注意事项

1. 使用修眉刀、修眉剪刀时必须消毒，修眉时注意力度要轻。

2. 眉毛修整完毕后，注意清理修下来的眉毛。

3. 做线条眉文绣造型时，眉毛不用填色，而是用线条来描绘。

雾眉文绣操作

知识要求

一、手工雾眉

1. 点雾

要注意皮肤层的深浅，手法为垂直点刺，一针跟一针逐渐过渡，严禁跳针或无规律地点刺，以防止因频繁在同一部位点刺造成局部上色过深或皮损。大多手工点刺的雾眉颗粒明显，却并无逻辑性，特别是圆三针、圆五针一旦点深，很容易晕成一个大黑点。

2. 挑雾

斜着入针，针头与皮肤成 60°，这样操作上色更均匀，入针深浅也更好掌握。以二代针为例，针分高低两排，间隔 0.5 mm。

二、机器雾眉

文绣机器目前有全抛式文绣机和半抛式文绣机。

1. 全抛式文绣机

全抛式文绣机（见图2-6）简称全抛机，其针体、针帽是一体的，里面有弹簧，根据使用需要更换针头即可，更容易操作，稳定性好，不容易飞针，文眉效果好。在整个操作过程中，安全系数较高。

图 2-6　全抛式文绣机

2. 半抛式文绣机

半抛式文绣机（见图2-7）简称半抛机，其针头和针帽是分开的，没有弹簧，半抛机比较轻，更考验文绣造型从业人员的技术。初学者或手法不熟练的人建议使用全抛机。半抛机在开机的一瞬间有可能会飞针，要注意使用安全。

图 2-7　半抛式文绣机

三、雾眉审美标准

老式雾眉的手法已经过时，现在很多人都会选择立体雾眉方式。立体雾眉眉形好看，而且保持几年后会自行脱落，到时可以重新制作自己喜欢的时尚眉形。老式雾眉和立体雾眉的对比见表2-6。

表 2-6 老式雾眉和立体雾眉的对比

类别	老式雾眉	立体雾眉
图示	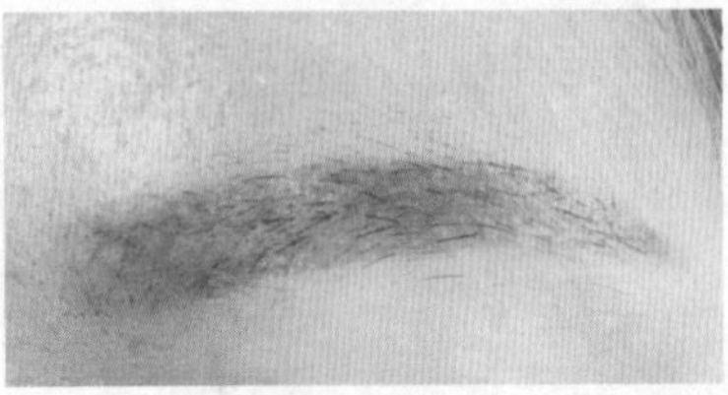	
持久性	永久不褪色，颜色已经过时，后期会发蓝或发红	不是永久性的，可以保持2~3年，会随着时间推移慢慢代谢
可更改性	不会自行淡化，想要修改眉形较为困难。需要通过多次激光才能消除干净，费用高昂，也会让人产生一定的痛感	与老式色乳不同，大多是天然矿物质，可以根据不同时期的审美进行更改
美观度	眉形过于呆板，样式老气，显得年龄大且凶悍，没有美感	色乳颜色多，眉形丰富，可根据顾客的特点和喜好进行自由选择，更好地突出人物优点，显得年轻、时尚
操作	操作时针刺进皮肤真皮层，而不是表皮层，一般需要舒缓剂，容易引起损伤	操作针具只进入皮肤浅表层，不会达到真皮层，所用的工具都是一次性的，更卫生、安全

技能要求

仿真皮雾眉练习

操作准备

仿真皮雾眉练习的工具、用品准备见表2-7。

表 2-7 仿真皮雾眉练习的工具、用品准备

序号	工具、用品名称	数量	规格
1	针片	3片	圆三针 / 圆五针
2	文绣手工笔	1支	不锈钢
3	色乳	3瓶	深咖色、浅咖色、中咖色
4	色乳戒指杯	2枚	一次性环保材质
5	仿真皮	2张	标准型
6	眉笔	2支	深咖色、浅咖色
7	75%医用酒精	1瓶	标准型

序号	工具、用品名称	数量	规格
8	棉片	1 包	标准型
9	清洁油	1 瓶	标准型

操作步骤

步骤 1　眉框设计

用眉笔设计眉毛形状，如图 2-8 所示。

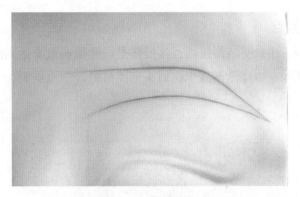

图 2-8　眉框设计

步骤 2　初步定形

操作时，绷紧仿真皮皮肤，针片垂直皮肤，快进快出，勤蘸色乳，散开点刺上色，注意操作密度，不可随性戳刺。铺面定形，进针力度一致，初具明暗，如图 2-9 所示。

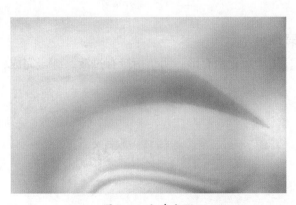

图 2-9　初步定形

步骤 3　眉脊加深

中间叠加上色，操作密度叠加，把眉脊颜色叠加至饱和，如图 2-10 所示。

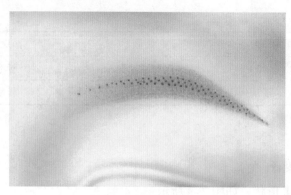

图 2-10　眉脊加深

步骤 4　填补空白

整体调整形态，注意明暗衔接的过渡操作是以叠加遍数来达到渐变效果的。眉脊叠加最多，显得最深；边缘渐渐减少；眉头密度最低。散点点刺，不可填满颜色，如图 2-11 所示。

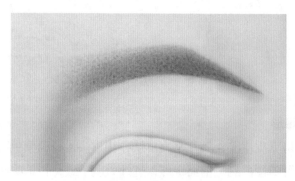

图 2-11　填补空白

步骤 5　调整完善

继续调整形态，边缘虚化而有形，明暗衔接有过渡，练习完成，如图 2-12 所示。

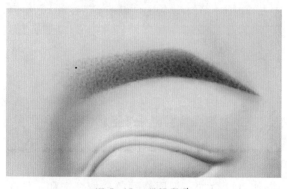

图 2-12　调整完善

真人雾眉文绣造型

操作准备

真人雾眉文绣造型操作工具、用品准备见表2-8。

表 2-8 　　　　　　　　　　**真人雾眉文绣造型操作工具、用品准备**

序号	工具、用品名称	数量	规格
1	针头	2根	单针
2	文绣机	1台	标准型
3	色乳	3瓶	深咖色、中咖色、灰色
4	色乳戒指杯	2枚	一次性环保材质
5	修眉刀	1把	不锈钢
6	螺旋眉刷	1支	中号，一次性
7	眉笔	2支	深咖色、灰色
8	75% 医用酒精	1瓶	标准型
9	生理盐水	1瓶	标准型
10	清洁啫喱	1支	标准型
11	修复剂	1支	标准型
12	稳定剂	1支	标准型
13	棉片	1包	标准型
14	牙签	1盒	竹制
15	棉签	1盒	细支
16	保鲜膜	1卷	小号
17	一次性乳胶手套	1双	医用级
18	一次性口罩	2个	医用级

操作步骤

步骤 1　观察与沟通

根据顾客的个人特点和需求，制定初步设计方案，并取得顾客的认可。

步骤2　文眉造型准备

（1）用酒精对文绣机、针头、牙签和双手进行消毒。

（2）用清洁啫喱对顾客的眉毛进行清洁。

步骤3　雾眉文绣操作

（1）根据设计方案修整、描画眉形，如图2-13所示。

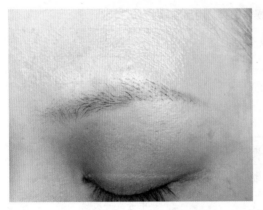

图2-13　修整、描画眉形

（2）涂上稳定剂，用保鲜膜覆盖20~25 min，如图2-14所示。

图2-14　敷稳定剂

（3）调配文绣造型色乳，如图2-15所示。

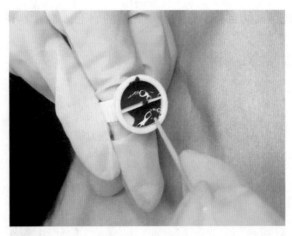

图 2-15　调配色乳

（4）用牙签刮掉稳定剂，如图 2-16 所示。

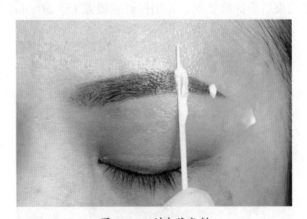

图 2-16　刮去稳定剂

（5）用文绣机把眉框定形，如图 2-17 所示。

图 2-17　定眉形

（6）用文绣机进行文绣点雾，直到呈现完整的眉毛，如图 2-18 所示。

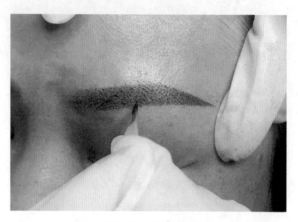

图 2-18　点雾造型

（7）文眉造型结束后涂抹修复剂，并用保鲜膜覆盖 15 ~ 30 min，如图 2-19 所示。

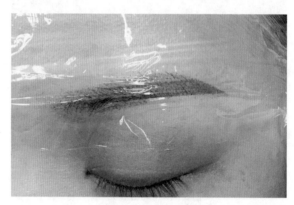

图 2-19　敷修复剂

（8）用生理盐水清洁干净，如图 2-20 所示。

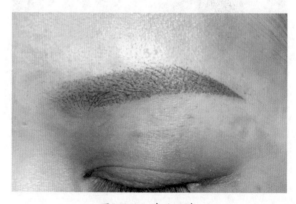

图 2-20　清洁干净

注意事项

1. 使用文绣机操作时，腕力、手握力和指力要协调配合，力度均匀一致，深浅适当。进针不超过 1 mm，重复蘸取色乳上色。

2. 注意用文绣机定形时不要定整个眉框，只需用定点的方式，避免整个眉毛显得呆板、僵硬。

3. 注意眉毛的立体感，眉头、眉尾清淡自然，眉峰略深，眉头不能超过本身的眉毛。

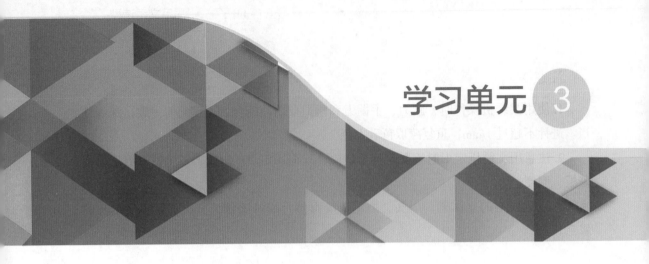

线条眉文绣操作

🎙 知识要求

一、线条眉文绣方式

1. 手工画线

使用手工针片 14 针和 18 针来做"轻—重—轻"的滑动和排列，针丝要锋利，不可太软，滑动时开口要流畅，排列的密度根据顾客的毛发量来定。建议在练习皮上经过一段时间的练习（见图 2-21）后再去做真人文绣，做的时候要注意深浅。手工线条操作时尽量使用膏体色乳；乳状色乳不挂针片，没有黏附性，不易留色。

2. 机器画线

使用乳状色乳，颜色要略深，手要稳，在一条线上重复，但是线条不能粗，不能分叉，如图 2-22 所示。这个练习有一定难度，需要长时间在仿真皮上练习，熟练后方可做真人文绣。

图 2-21　线条眉手工画线

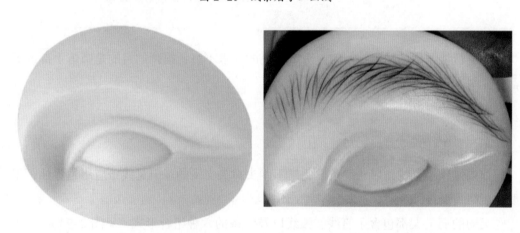

图 2-22　线条眉机器画线

二、线条眉的线条分类

线条眉的线条分类见表 2-9。

表 2-9　　　　　　　　　　　　　　　线条眉的线条分类

图示	说明
	直线 　画直线时，一整条直线不能有接头，必须体现整条直线的连贯性，从左到右画一条笔直的线。直线的练习有助于眉形描画时的边框清晰、线条干净
	弧线 　弧线练习是为画线条眉线条打下基础，练习时手指和笔不动，用手腕的力量操作

续表

图示	说明
	"轻—重—轻"直线 　　认识眉毛毛发的生长情况，每一根眉毛都是两边细、中间粗。通过练习，增强对线条的把握。笔握直，下笔轻，慢慢加重力度，抬笔轻
	"轻—重—轻"短弧线 　　按照眉毛的形态来画短弧线，下笔轻。慢慢加重力度，抬笔轻，两端画出毛发末梢的感觉，各个朝向都要画，达到反手方向描画的流畅性接近顺手方向的效果

　　在进行线条眉的描画练习时，对纸、笔的要求不高，描画的目的是锻炼手部的灵活性，掌握不同线条描绘时的力道和方向。

三、线条的组合排列

　　如果操作手工线条眉，线条彼此是不能头对头交叉的。但是线条应尽量穿插，不要出现两头交接，否则看起来会零乱、不完整。

　　灵动的眉毛大都包含了直线、弧线以及线条的六种组合形式（见图2-23）。有组合才能有层次，有层次才能有立体感。

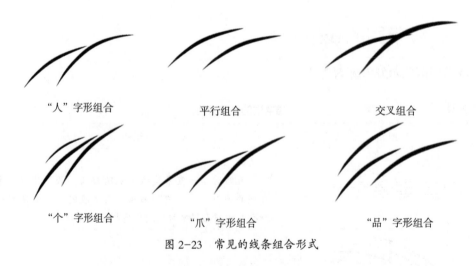

图 2-23　常见的线条组合形式

　　要尽量避免一根线条从上眉框拖到下眉框的情况，除非是比较纤细的眉形。当把眉形描画练熟，也能用文绣手工笔表现比较纤细柔和的线条时，就可以开始练习眉毛线条的排列方式。

技能要求

真人线条眉文绣造型

操作准备

真人线条眉文绣造型工具、用品准备见表 2-10。

表 2-10   真人线条眉文绣造型工具、用品准备

序号	工具、用品名称	数量	规格
1	针片	3 片	排针片
2	文绣手工笔	1 支	不锈钢
3	色乳	3 瓶	深咖色、中咖色、灰色
4	色乳戒指杯	2 枚	一次性环保材质
5	眉笔	2 支	深咖色、灰色
6	修眉刀	1 把	不锈钢
7	螺旋眉刷	1 支	中号，一次性
8	75% 医用酒精	1 瓶	标准型
9	生理盐水	1 瓶	标准型
10	清洁啫喱	1 瓶	标准型
11	棉片	1 包	标准型
12	棉签	1 盒	细支
13	牙签	1 盒	竹制
14	抽纸	1 包	标准型
15	保鲜膜	1 卷	小号
16	稳定剂	1 支	标准型
17	修复剂	1 支	标准型
18	一次性乳胶手套	1 副	医用级
19	一次性口罩	2 个	医用级

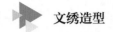
操作步骤

步骤1 观察与沟通

根据顾客的个人特点和需求，制定初步设计方案，并取得顾客的认可。

步骤2 线条眉文绣造型准备

（1）用酒精对文绣机、针片、针头、牙签和双手进行消毒。

（2）用清洁啫喱对顾客的眉毛进行清洁。

（3）用抽纸吸干眉毛上的水分和油分。

步骤3 线条眉文绣操作

（1）修整眉毛，用眉笔画出眉毛的眉框，如图2-24所示。

图2-24 画眉框

（2）涂抹稳定剂，用保鲜膜覆盖约20 min，如图2-25所示。

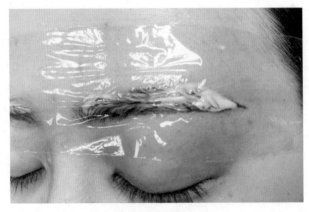

图2-25 敷稳定剂

（3）用棉签或牙签将稳定剂清理干净，如图 2-26 所示。

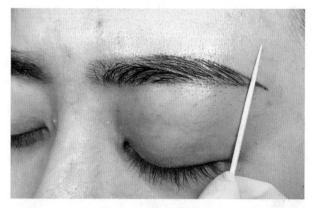

图 2-26　清理稳定剂

（4）调配色乳，如图 2-27 所示。

图 2-27　调配色乳

（5）设计主线条，如图 2-28 所示。

图 2-28　设计主线条

（6）按照眉毛生长方向文眉线，过程中不断观察眉形的走向，如图 2-29 所示。

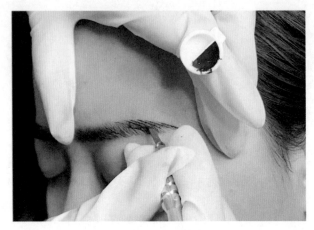

图 2-29　文眉线

（7）文眉造型结束后涂抹修复剂，并用保鲜膜覆盖 15～30 min，如图 2-30 所示。

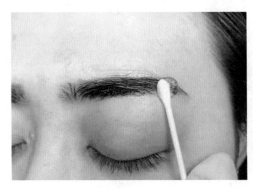
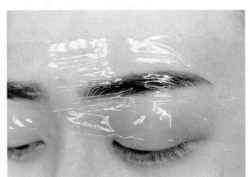

图 2-30　敷修复剂

（8）用生理盐水将眉部清洁干净，最后呈现的效果如图 2-31 所示。

图 2-31　线条眉造型效果

培训任务 3

眼线文绣造型

学习单元 ①

眼线设计

知识要求

一、眼线的认识

1. 眼线的概念

眼线也称睫毛线，是由上下睑缘前唇的睫毛根部排列而形成的特定美学结构。眼线不是眼部固有的解剖生理结构，但是其外观与形态变化能调整眼裂和眼形，眼线的目的是矫正眼形的不足，使眼睑清晰，突出眼睛的轮廓，还可以增加睫毛密度的美感，使眼睛更有神采，如图 3-1 所示。

不同于画眼线，文眼线是在确定了理想的形状之后，用针笔蘸上特殊

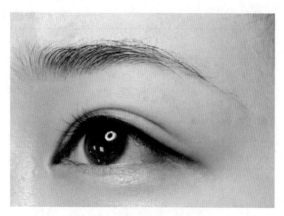

图 3-1　眼线文绣造型效果

的原料文成的。相比于画眼线，文眼线的效果较持久，可以节约化妆时间。

2. 眼部的结构

眼睛由眼眶、眼球、眼睑三部分构成。上下眼睑中间的缝隙为眼裂，眼裂处形成上、下眼睑，下眼睑比较宽，眼睑上长有睫毛。在眼裂内侧有个半圆形的眼囊，称为内眼角；在眼裂外侧，上眼睑包含下眼睑的组织结构，称为外眼角。眼部结构如图 3-2 所示。

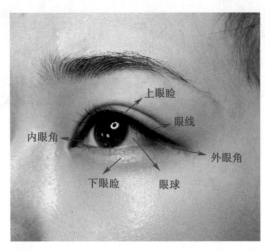

图 3-2　眼部结构

3. 眼线的分类

眼线分为美瞳线、美睫线，都是用于修饰眼睛的，可以让眼睛的轮廓显得更加清晰，眼睛显得更加明亮。美瞳线与美睫线的区别见表 3-1。

表 3-1　　　　　　　　　　　　　　美瞳线与美睫线的区别

区别	美瞳线	美睫线
图示		
位置	文在睫毛的根部	文在睫毛根部和靠近根部以上眼软骨处
长度	与眼睛的长度一致	略长于眼睛的长度

二、不同眼形的眼线设计

不同眼形的眼线设计见表 3-2。

表 3-2 不同眼形的眼线设计

眼形		特点	眼线设计
标准眼		标准眼睛主要是指与五官协调的眼形，通常把杏仁眼称为标准眼，双眼皮的外眼角略高于内眼角，眼睛平视前方，眼皮不会压到睫毛，显得俊俏美丽	上眼线从内眼角由浅入深逐渐至外眼角收尾，由细到粗，再细细地自然延伸至眼尾
丹凤眼		眼睛整体呈细长形，瞳孔比较接近内眼角，外眼角高于内眼角	眼线需自然流畅、均匀，上眼线从内眼角由浅入深逐渐至外眼角收尾
圆眼		眼睛圆而大，眼裂较高，呈圆弧形，目光明亮	眼线应能减弱眼睛的圆弧度，拉长眼形，线条必须细，紧贴睫毛根部，慢慢延伸出眼尾，整个眼线平直纤细
远心眼		两眼之间距离较远，大于一只眼的宽度，给人五官分散的感觉，显得无精打采、迟钝	重点在于内眼角，内眼角颜色需要略深，外眼角线条不宜拉长
近心眼		两眼间距离过近，小于一只眼睛的距离，使人感觉五官过于紧凑，给人不舒展、不开朗的感觉	上眼线内眼角颜色一定要淡，眼尾逐渐加粗，稍微拉长

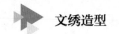

三、眼线设计要点

1. 眼线的长度

一般眼线的长度视眼睛的大小而定，会有一个眼线"尾巴"，多出眼尾 2 ~ 5 mm。

2. 眼线的宽度

上眼线的宽度为 0.8 ~ 1 mm，下眼线宽度为 0.4 ~ 0.6 mm。

3. 眼线长宽结合

美睫线和美瞳线结合，整体偏粗，长度自然平拉或者上扬 1 ~ 4 mm，位置宽度从内侧眼睑黏膜一直到睫毛最上层靠近眼皮的位置。

4. 眼线着色力度

在进行眼线文绣造型时，由于眼睛较为敏感，要控制操作时的力度。力度过大，容易造成晕色；力度太小，容易造成着色不良。为了更好地判断力度是否适中，可以在眼内眦走 0.5 cm 的针试色，擦拭查看留色情况。

技能要求

眼线设计

操作准备

眼线设计工具、用品准备见表 3-3。

表 3-3   眼线设计工具、用品准备

序号	工具、用品名称	数量	规格
1	75% 医用酒精	1 瓶	标准型
2	清洁啫喱	1 支	标准型
3	棉签	1 盒	细支
4	棉片	1 包	标准型
5	眼线笔	1 支	黑色
6	一次性乳胶手套	1 副	医用级
7	一次性口罩	2 个	医用级

操作步骤

步骤 1　观察与沟通

观察顾客眼睛的特点，结合其需求，初步确定眼线的形状、粗细、长短，并取得顾客的认可。

步骤 2　眼线设计准备

（1）将眼线笔削好，备用。

（2）消毒双手后，戴上一次性乳胶手套。

（3）用清洁啫喱清洁顾客眼部。

步骤 3　眼线设计操作

（1）确定眼线最高点位，如图 3-3 所示。

图 3-3　确定眼线最高点位

（2）用眼线笔从最高点向眼尾画圆弧形，略有变细，如图 3-4 所示。

图 3-4　描画眼尾眼线

（3）用眼线笔从最高点往内眼角画半弧形，由粗到细，如图 3-5 所示。

图 3-5　描画眼头眼线

（4）精修眼线轮廓，如图 3-6 所示。

图 3-6　精修眼线轮廓

眼线文绣操作

知识要求

一、眼线操作技巧

1. 闭眼操作

闭眼操作是指在操作过程中，让顾客保持闭眼状态。顾客如果睁开眼睛，会不自主地眨动，操作者无法确定准确位置，且固定眼部皮肤的手会随着眼睛的眨动而不停晃动，从而造成走线不稳。另外，眼球裸露也容易与工具或染料触碰，增加了对眼球造成伤害的风险。

在文眼线前，要确保顾客没有戴美瞳，无眼疾。操作时一般使用食指、中指和无名指轻柔地翻开顾客的上眼皮，当看到睫毛根部的软骨垂直向上时，利用中指轻轻按住睫毛，然后将上眼皮推回原处。

2. 垂直操作

垂直操作是指在操作过程中，要将操作的仪器垂直于操作面，即垂直于睫毛根部的软骨上。在整个操作过程中，要一直保持这个角度。

垂直的角度能保证粘在色乳上的针头准确无误地渗入软骨表皮，如果角度有倾斜，会造成色乳无法准确进入软骨表皮细胞，造成反复上色均无法着色的结果。

垂直的手法还有益于保持操作深度，恰当的操作深度是文眼线操作过程中的上色要点。如果进针太深会造成色乳与血液混合，导致眼线晕染并且变色。

3. 短距操作

短距操作一是指美瞳线整体要做得短；二是指要分段上色，每段距离以短为宜。

美瞳线做得短，就是指从睫毛的第一根走到最后一根即可。千万不要加小尾巴，延长美瞳线，这样会使得眼睛看上去不自然，而原来的眼线也会变得不伦不类。

分段上色以每段距离短为宜，眼线上色时要来回操作，来回上色的距离控制在0.2 ~ 0.3 cm。这样的上色效果好，最终效果更为精致。

4. 多次操作

多次操作是指在文绣造型时，要反复检查，多次对眼线上色。一般在文绣完成一遍后，用干棉片擦去多余的色乳，然后检查是否上色、上色是否均匀、是否有漏缺。对不完美的地方进行再次上色。

但是在操作时，应注意不可无限次上色，眼线整体上色以 3 次为宜。过于频繁地进行操作可能会造成对皮肤层的破坏，延长修复时间，造成结痂过厚，这样易导致结痂在掉落时带走部分色乳。

二、眼线护理注意事项

1. 防水时间

文绣造型部位 3 天内不要碰生水，生水会引起发炎的风险，最终导致眼线不上色。皮肤处于修复阶段时，不宜进行游泳、桑拿等活动，以免出现脱色现象。

2. 修复剂涂抹

文眼线后，部分顾客可能出现眼皮肿胀、操作部位出现浮色和组织液的情况，此时可用棉片擦拭干净，涂上修复剂等待 5 ~ 10 min 后擦净。如果眼睛周围比较肿，可在涂上修复剂后用冰袋冷敷，5 ~ 10 min 后擦净修复剂。

3. 结痂防护

眼线的恢复期会经历一个结痂、掉痂的过程，在此期间，皮肤可能会有瘙痒感，切记提前告知顾客不可用手抓挠、抠痂，应让痂自然脱落。如果用手抓挠，极易造成

细菌感染，也容易因为抓挠导致色乳跟着痂一起掉落，影响上色效果。

另外，结痂后不宜接触热水、蒸汽等，防止痂软化、脱落而影响上色效果。

技能要求

眼线文绣造型

操作准备

眼线文绣造型工具、用品准备见表3-4。

表3-4　　　　　　　　　　　眼线文绣造型工具、用品准备

序号	工具、用品名称	数量	规格
1	针头	2个	标准型
2	文绣机	1台	标准型
3	色乳	1瓶	黑色
4	色乳戒指杯	2枚	一次性环保材质
5	眼线笔	2支	黑色
6	75% 医用酒精	1瓶	标准型
7	清洁啫喱	1瓶	标准型
8	抽纸	1包	标准型
9	棉片	1包	标准型
10	保鲜膜	1卷	小号
11	牙签	1盒	竹制
12	棉签	1盒	细支
13	稳定剂	1支	标准型
14	修复剂	1支	标准型
15	一次性乳胶手套	1副	医用级
16	一次性口罩	2个	医用级

操作步骤

步骤1　观察与沟通

根据顾客的个人特点和需求，制定初步设计方案，并取得顾客的认可。

步骤 2 眼线文绣造型准备

（1）用酒精对文绣机、针头、色乳戒指杯和双手进行消毒。

（2）用清洁啫喱对顾客的眼睛四周进行清洁，注意勿让啫喱入眼。

（3）用抽纸吸干眼部的水分和油分。

步骤 3 眼线文绣操作

（1）用眼线笔画出眼线，如图 3-7 所示。

（2）用棉签蘸少许稳定剂涂在上眼睑睫毛根处，注意稳定剂不能进入眼睛，用保鲜膜覆盖下眼睑，等待约 20 min，如图 3-8 所示。

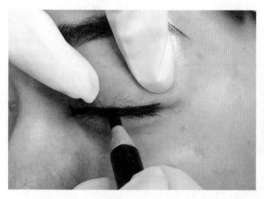

图 3-7 画眼线

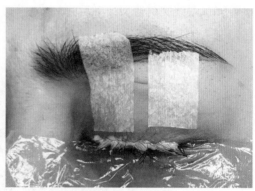

图 3-8 敷稳定剂

（3）选择、调配色乳，眼线一般用黑色色乳，如图 3-9 所示。

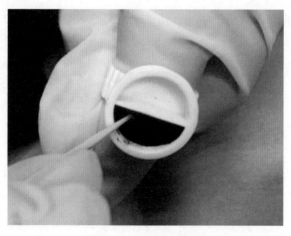

图 3-9 调配眼线色乳

（4）保持文绣机和皮肤成 65°～75°，向针尖伸缩的方向行进，如图 3-10 所示。注意提醒顾客在文绣过程中保持双眼自然闭合。

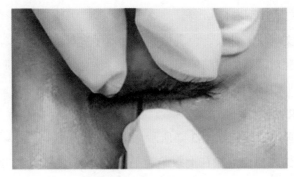

图 3-10　眼线行针

（5）眼线文绣造型结束后，敷修复剂，等待约 30 min，如图 3-11 所示。

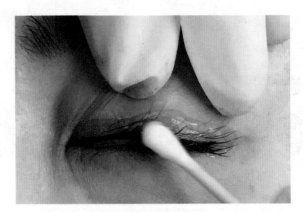

图 3-11　敷修复剂

（6）用生理盐水将眼睛清洁干净，清洁后的眼线效果如图 3-12 所示。

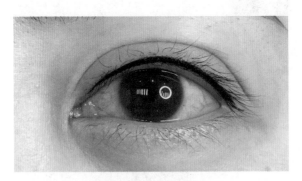

图 3-12　清洁后的眼线效果

注意事项

1. 叮嘱顾客 24 h 内不可淋浴，5 天内不可桑拿。

2. 如果出现眼部肿胀，可以冷敷缓解。眼部肿胀期间，应注意饮食清淡。

培训任务 4

唇部文绣造型

唇形设计

知识要求

一、唇部概述

1. 唇部文绣的概念

唇部文绣是通过文绣造型的技术技巧来修正、弥补唇部的形状和色彩，使其符合现代审美标准。唇在容貌美学中的优势是色彩美，适宜的唇色可以呈现个人极佳的精神面貌，给人留下美好的印象。

2. 唇部的结构

唇分为上唇和下唇，上下唇游离缘共同围成口裂，口裂的两端称为唇角。理想的唇形轮廓清楚，上唇比下唇稍薄并微微上翘，呈弓形，两端唇角微微上扬，整个唇富有立体感，如图 4-1 所示。

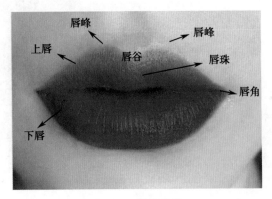

图 4-1　唇部结构

3. 唇形的分类

唇太薄或者太厚、颜色不红润、轮廓不清晰都会影响唇部美观，唇部文绣造型要结合美学原理、顾客个人气质特点等，设计出具有美感、适宜顾客的唇形。人的唇形大致可分为表 4-1 中的八种。

表 4-1　　　　　　　　　　　　常见的唇形

图示	说明
	大唇 嘴唇的宽度较大，唇裂大。笑起来非常灿烂，很有亲和力，常给人爽朗、阳光的感觉；不笑的时候显得很大气
	小唇 嘴唇的宽度较小，唇裂小。小唇显得小巧精致，是古典美人的标配
	薄唇 一般有上唇薄、下唇薄或上下唇都薄三种情况，唇形扁平，缺少曲线饱满感，显得典雅、高贵、睿智、有决策力

续表

图示	说明
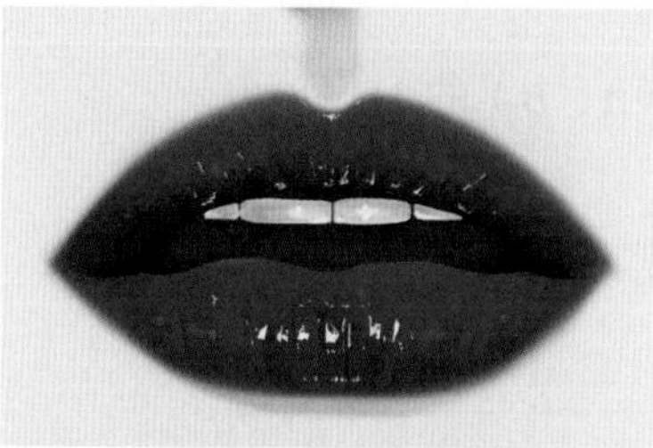	**厚唇** 一般分上唇厚、下唇厚或上下唇都厚三种情况，红色系厚唇显得性感、野性，不着妆厚唇给人踏实、可信赖的感觉
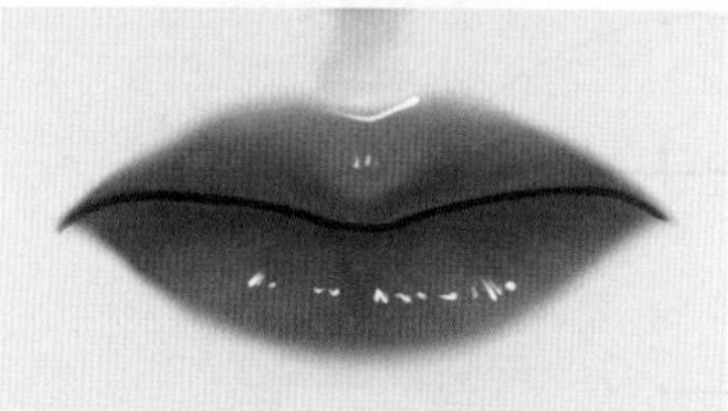	**下垂唇** 嘴角微垂，像翻过来的小船，因此也称"覆舟唇"。这种唇形显得人不易接近，有傲娇感
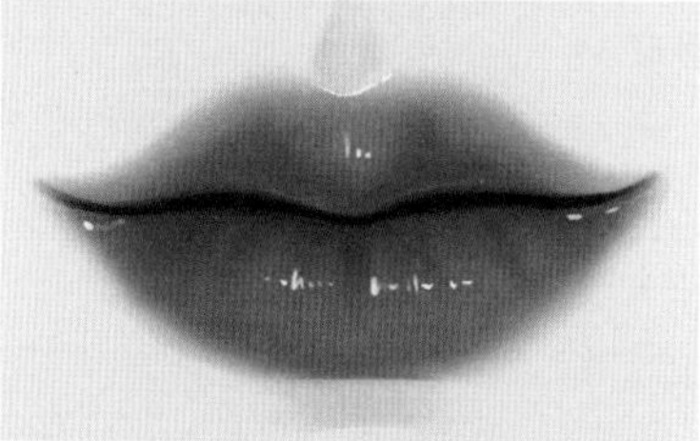	**微笑唇** 嘴角上扬，像是一直在微笑，让人顿生好感，给人亲切、温暖的感觉
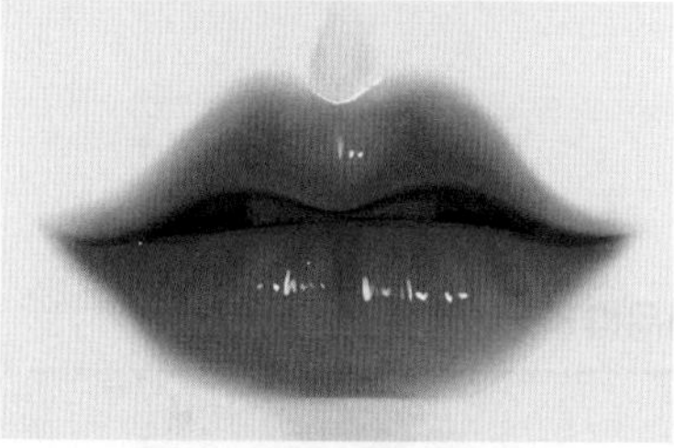	**"M"形唇** 嘴的形状呈"M"形，唇珠微凸，是标准唇形。这种唇形娇俏美丽，适当运用化妆技术凸显唇峰时，很有女王范
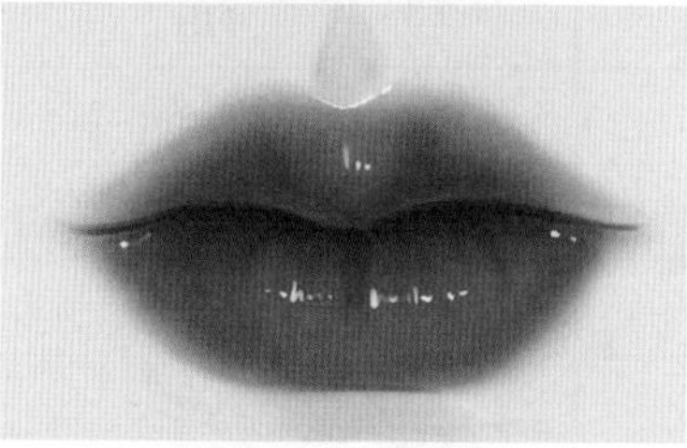	**花瓣唇** 下唇中间有明显凹弧，形似花瓣，也称"嘟嘟唇"，性感且有韵味，配以适当的唇色后可以显得高贵、冷艳

二、标准唇形的特点

标准唇形（见图 4-2）比较符合大众审美，这种唇形能够驾驭很多种风格的唇妆。

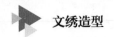

标准唇形具有以下特点。

1. 下唇略厚于上唇，上唇与下唇的厚度比约为 2∶3，上唇厚度为 5 ~ 8 mm，下唇厚度为 10 ~ 13 mm。

2. 唇峰（D、E）的位置位于唇中线至唇角（A、B）的 1/3 处。

3. 唇谷（C）的位置位于唇中线。

4. 下唇中部最低点位于唇中线上。

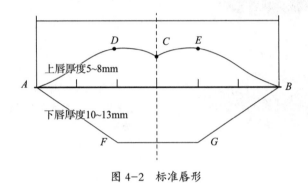

图 4-2　标准唇形

技能要求

唇形设计

操作准备

唇形设计工具、用品准备见表 4-2。

表 4-2　　　　　　　　　　唇形设计工具、用品准备

序号	工具、用品名称	数量	规格
1	铅笔	1 支	HB
2	直尺	1 把	20 cm
3	橡皮擦	1 个	普通型
4	卷笔刀	1 个	普通型
5	唇线笔	1 支	红色

操作步骤

步骤 1　定位嘴唇的宽度，确定唇角的位置

在纸上画一条水平的 6 cm 的线段，等分为 6 份，起点 A 和终点 B 即为唇角位置，

如图 4-3 所示。

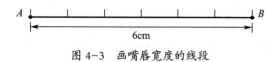

图 4-3　画嘴唇宽度的线段

水平直线不要倾斜。为了好分段，纸上画的时候一般画 6 cm，练习皮和真人的嘴唇宽度一般是 4~6.5 cm。

步骤 2　确定唇谷的位置

在 AB 线段的中点画垂直虚线，交 AB 于 H 点，此虚线即为唇谷所在的中心线。唇谷在 H 点上方 0.8 cm 处，记为 C 点，如图 4-4 所示。

根据唇形的不同，唇谷的高度略有不同。

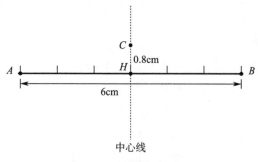

图 4-4　确定唇谷的位置

步骤 3　确定唇峰的位置

在中心线两侧 1 cm 处画垂直虚线，分别交 AB 线段于 J、K 两点，在 J、K 上方 1 cm 处确定唇峰 D、E 两点，如图 4-5 所示。

唇峰的位置位于中心线至唇角的 1/3~1/2 范围内，厚度一般为 1~1.2 cm。根据唇形的不同，唇峰的高度略有不同。

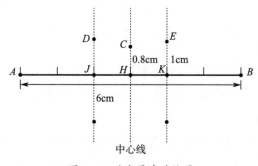

图 4-5　确定唇峰的位置

步骤 4　确定唇底的位置

为了使下唇的丰满度与上唇相统一，在唇峰的正下方，*AB* 线段下方 1.3 cm 处确定唇底 *F*、*G* 两点，即为下唇的转折点，如图 4-6 所示。

下唇厚度为上唇厚度的 1.2 ~ 1.5 倍。根据唇形的不同，下唇的厚度略有不同。

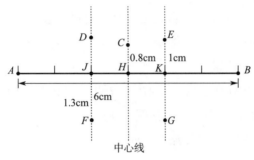

图 4-6　确定唇底的位置

步骤 5　连接定点

（1）连接唇峰和唇谷，连接线用下弧线，即 $\overset{\frown}{CD}$、$\overset{\frown}{CE}$。

（2）连接唇峰和唇角，采用下弧线，即 $\overset{\frown}{AD}$、$\overset{\frown}{BE}$。

（3）连接唇底，采用上弧线，即 $\overset{\frown}{FG}$。

（4）连接唇底和唇角，采用上弧线，即 $\overset{\frown}{AF}$、$\overset{\frown}{BG}$。

此时，基本唇形绘制完毕，如图 4-7 所示。

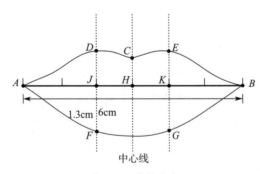

图 4-7　连接定点

新手练习时，连线不一定可以一笔画出，可以采用"走三退二"（从起点往前画 3 mm，再从起点 5 mm 处往回倒退画 2 mm 进行连接）的方式，画出想要的弧线。

步骤 6　调整完善

描绘出上下唇交接的波浪交接线，波浪线的最高点对应唇峰位置，最低点对应唇谷位置，把多余的定位线擦掉，一个标准的唇形就形成了，如图 4-8 所示。

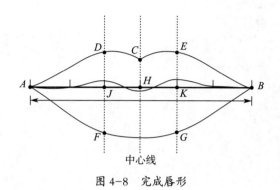

图 4-8　完成唇形

每个连接点的弧度要圆滑过渡，连接点的圆润有助于整个唇形显得自然、美观。

唇部文绣操作

🎙 知识要求

一、唇部文绣的上色技巧

1. 分块处理法

在做整个唇面上色时，将上下唇面分为四个区域，每个区域根据文绣机针的数量又可分为 2~3 个小区域。操作时要认真、细致地文好每一个区域，文完一个区域后再进行下一个。

要特别注意的是，在做下一个前一定要将针帽里的液体吸出，重新蘸取色乳，确保上色效果。在做唇线时应采取分段处理，就是把唇线分为若干个小段，一段一段地运针，在做唇线时也要勤蘸色乳，确保流色顺畅。

2. 层层入色法

操作唇面上色时，利用针帽的伸缩调节针的长度。第一遍上色时针长露出 1 mm，第二遍上色时针长露出 1.5 mm，第三遍上色时针长露出 2 mm。一定要在开机的情况下调针，入针角度为与接触面成 90°，过程中少擦拭、多渗透。

3. 动作诀窍

（1）力度轻。动作要轻，左手不可大力拉动皮肤，右手下针不可太重，运针动作轻柔，顺势运针，力度一致，保持垂直角度入针。

（2）动作快。运针动作要快，并且速度稳定，不可忽快忽慢。

（3）位置对。针帽紧贴皮肤，确保上色均匀。

（4）线路密。运针路线要密，不论用何运针针法，上色效果必须均匀。

二、唇部文绣后期的保养

1. 唇部干裂

（1）睡前在双唇涂上一层唇部专用修复剂。

（2）依照唇部的需求，剪下适当大小的保鲜膜敷在唇上，更好地发挥修复剂的作用，使双唇更加滋润。

（3）在敷了保鲜膜的嘴唇上覆盖热毛巾，停留 10 ~ 20 min。

（4）使用手指轻轻按摩刚热敷完的双唇，像弹钢琴般由唇中间往外方向轻点。

2. 唇部暗沉

（1）使用唇部专用去角质产品，轻轻按摩 2 ~ 3 min，再以化妆棉擦拭干净。

（2）用热毛巾热敷 10 ~ 20 min，让血液循环流畅，使嘴唇显得比较红润。

（3）涂上修复剂呵护唇部。

3. 唇纹深

唇纹深有先天和环境的因素，也可能会随着年龄的增长越来越深，缓解唇纹的方法有以下三点。

（1）用中指的指腹从唇部中间开始往两边轻轻按摩，上下唇各 8 ~ 10 次。

（2）用双手的大拇指和食指的指腹，捏住上下唇部，来回横向按摩 8 ~ 10 次。

（3）用大拇指和食指夹住上下嘴唇，将唇往前轻轻拉 8 ~ 10 次。

技能要求

唇部文绣造型

操作准备

唇部文绣造型工具、用品准备见表4-3。

表 4-3　　　　　　　　　　　　唇部文绣造型工具、用品准备

序号	工具、用品名称	数量	规格
1	针头	2个	排针
2	文绣机	1台	全抛机
3	色液	2瓶	正红色、橘红色
4	调色盘	2个	一次性环保材质
5	唇线笔	1支	红色
6	75% 医用酒精	1瓶	标准型
7	甲硝唑液	1瓶	标准型
8	漱口水	1瓶	标准型
9	清洁啫喱	1瓶	标准型
10	碘伏	1瓶	标准型
11	棉片	1包	标准型
12	棉签	1盒	细支
13	稳定剂	1支	标准型
14	修复剂	1支	标准型
15	固色剂	1瓶	标准型
16	保鲜膜	1卷	小号
17	纱布	1包	标准型
18	一次性乳胶手套	1副	医用级
19	一次性口罩	2个	医用级

操作步骤

步骤 1　观察与沟通

根据顾客的个人特点和需求，制定初步设计方案，并取得顾客的认可。

步骤2　唇部文绣准备

（1）用酒精消毒工具和双手。

（2）让顾客用漱口水漱口，用甲硝唑液清洁顾客的唇部，如图4-9所示。

图4-9　清洁唇部

（3）用清洁啫喱去除顾客唇部多余的角质，如图4-10所示。

图4-10　唇部去角质

（4）用棉签蘸取碘伏，对唇部及周边皮肤进行2遍消毒，如图4-11所示。

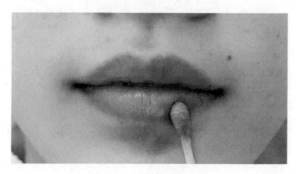

图4-11　消毒唇部皮肤

（5）在唇部周边涂上修复剂（或凡士林）保护唇部皮肤，如图 4-12 所示。

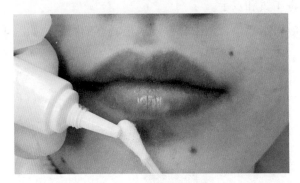

图 4-12　保护唇部皮肤

步骤 3　唇部文绣操作

（1）用唇线笔设计唇形，如图 4-13 所示。

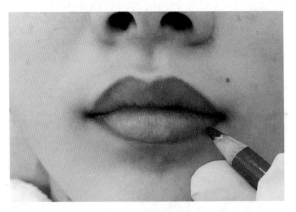

图 4-13　设计唇形

（2）涂抹稳定剂，用保鲜膜覆盖 30～40 min，如图 4-14 所示。

图 4-14　敷稳定剂

（3）调试仪器，将文绣造型针头在开机的状态下调至外漏 1.5 ~ 2.5 mm，如图 4-15
所示。

图 4-15　调试仪器

（4）根据顾客的年龄、唇色，为顾客调配适合的唇色液，如图 4-16 所示。

图 4-16　调配唇色液

（5）将唇面三等分，分别开始文绣造型，以走 "Z" 字形、"十" 字形、"O" 字
形的扫针手法，快速密扫上色；轻微绷紧唇部，力度适中，文针深度为 0.1 mm，如
图 4-17 所示。

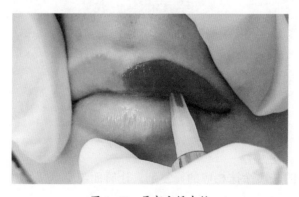

图 4-17　唇部文绣走针

（6）中途调整唇形，处理细节，边做边擦拭色乳，观察形状、颜色，如图4-18所示。

图4-18 调整唇部文绣细节

（7）敷色，将色乳均匀涂抹于唇部，用保鲜膜覆盖10~15 min。等到唇部均匀上色后，再用固色剂敷10~15 min，如图4-19所示。

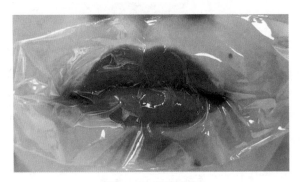

图4-19 唇部固色

（8）用棉片将色乳清理干净，如图4-20所示。

图4-20 清理色乳

（9）根据顾客的肤质涂抹相应的修复剂，让唇面与空气隔离，防止结痂过快而带走色乳，如图4-21所示。

图 4-21　涂抹唇部修复剂

注意事项

1. 操作过程中，可以用纱布适度按压已操作的部位，防止组织液流出。

2. 唇部文绣造型后 1 周内避免进入高温场所。

3. 用餐时，尽量避免高温汤水浸泡唇部，不宜食用过热的食物，多吃水果和蔬菜，忌烟酒、辛辣食品、海鲜等。

4. 在操作真人之前，一定要在仿真皮上多练习文绣造型的手法和技巧（见图 4-22），熟练掌握之后，在有丰富真人操作经验的文绣造型从业人员的指导下进行，最后再单人操作。

图 4-22　仿真皮文绣眉眼唇造型

文绣造型店创新创业

学习单元 **1**

市场评估

一、了解区域内的顾客情况

要在某个区域内开店，首先要清楚顾客的来源、数量、需求等，通常需要做以下调查。

1. 区域内的企业数量和类型、职业特点、员工性别比例、作息时间等。

2. 区域内的小区数量、居民消费水平等。

3. 区域内的商场数量、地址、客流量等。

4. 顾客通常喜欢的文绣造型项目、心理价位、服务时间等。

二、了解区域内文绣造型店的情况

1. 文绣造型店数量、分布、规模、顾客好评度等。

2. 各店的销售形式或服务特色、加盟的品牌、使用的文绣产品类别、进货渠道等。

3. 文绣项目的类别、收费、消费量等。

4. 文绣造型从业人员的数量、操作水平等。

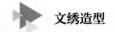
三、市场调研的方法

1. 实地观察法

选择工作日、休息日的不同时间段，到各文绣造型店或美容店实地观察顾客的消费情况，必要时做好记录，以便分析统计。

2. 访谈法

与小区居民、企业的员工交流，了解他们的消费习惯及消费时间，同时了解他们对文绣造型的需求。

3. 调查法

通过网络平台了解区域内文绣造型店相关项目的团购销售情况，查看顾客的评价。

通过以上调查，估算区域内文绣造型的市场容量。根据自身的投资状况和经营管理能力，预测如果在该区域开店能占有的市场份额。

市场营销

一、市场营销计划制订

1. 产品决策

提供个性化服务以吸引顾客、满足顾客需求，必须做好产品决策，主要包括以下几点。

（1）根据不同顾客的需要，设计不同的文绣造型项目，品种多样化。

（2）精心选择文绣造型产品，确保产品质量。

（3）根据不同顾客的特点和需求提供不同的服务，突出产品或服务的特色。

（4）私人订制文绣造型，开通网络服务平台，提供上门服务。

（5）从店面装修、服务内容、服务质量、卫生状况、服务态度方面下功夫，建立好的口碑。

2. 价格策略

（1）详细估算成本，在成本上增加盈利的期望值。可按成本利润率来确定所加的利润，价格＝单位成本＋单位成本 × 成本利润率＝单位成本（1+ 成本利润率）。

（2）在确保利润的前提下，参照同类产品市场价格，给顾客提供更多的便利、更好的服务、更优惠的价格，争取更大的竞争优势。

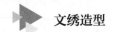
（3）根据所在区域顾客群体的收入水平，针对不同的产品或服务制定合理的价格。

3. 选址

选址时，考虑的要素主要如下。

（1）辐射范围大、人口密度高、消费水平高。

（2）店面位置具有良好的可视性。

（3）客流量相对集中。

（4）能够依托竞争形成"集约效应"。

（5）交通通畅，停车方便。

（6）通风条件好、符合环保要求，达到"三废"排放标准。

（7）与附近装修风格协调。

4. 促销方法

可以采用广告、推广活动满足顾客的需求。

（1）在多渠道投放广告，扩大影响力。

（2）利用微信公众号、短视频等新媒体发布信息。

（3）提供多样化服务抢占市场，如上门服务。

（4）采取会员打折、多产品组合销售等方式。

二、销售收入预测

根据市场容量、同类企业的数量、服务水平、季节、营业时间段、节假日等因素预测各月份的销售量。

1. 列出产品或服务的清单。

2. 为每项产品或服务制定价格。

3. 根据市场调查情况，预测 12 个月的产品或服务销售量。

4. 计算产品或服务的月销售收入，销售收入 = 销售单价 × 销售量，销售收入预测见表 5-1。

表 5-1 　　　　　　　　　　　　　　　销售收入预测

× 月销售收入 / 元				
服务项目	单价 / 元	数量 / 项	合计 / 元	备注
雾眉文绣造型				
线条眉文绣造型				
眼线文绣造型				
唇部文绣造型				
总计				

　　根据预测确定文绣造型店的规模。预测时不要过于乐观，要留有余地。

启动资金预测

启动资金就是开店时必须购买物品的开支和必要的其他开支。启动资金分为固定投资和流动资金两类。

一、固定投资预测

1. 固定资产内容

（1）文绣造型仪器、设备、产品费用。

（2）空调、风扇、冰箱（柜）、消毒柜等电器设备费用。

（3）桌椅板凳、沙发、床、镜子等设施费用。

（4）计算机、收银机、监控器等电子设备费用。

（5）用于经营的交通工具费用。

（6）市场调查、咨询、学习、工作服等必须支付的资金。

（7）加盟费、转让费、装修费、网络信息平台注册费及管理费等。

2. 固定投资计算

（1）把需要的投资分类，并按类列表，见表5-2。

表 5-2 投资分类计算

序号	内容	数量	金额／元

（2）测算每类物品的数量和各项费用，计算投资所需资金。

二、流动资金预测

测算文绣造型店正常运转日常所需要支出的资金，包括原材料费、广告宣传费、工资、房租、保险费、水电费、通信费、交通费、促销费等，按月计算。

必须核准企业的流动资金持续投入期，至少要准备店面开办初期所需的流动资金，以保持一定量的资金"储备"，以备不时之需。启动资金＝固定投资＋流动资金。

财务计划制订

一、成本核算

1. 文绣造型店的成本构成

（1）变动成本（原材料成本）。变动成本是随着销售的变化而变化的企业成本，包括购买色乳、稳定剂、修复剂、棉签、口罩、针片、消毒产品等原材料支付的费用。

（2）固定成本。固定成本是相对不变的企业成本，包括房租、工资、通信费、保险费、水电费、折旧（摊销）、广告宣传费、损耗费、运输费、其他费用等。

2. 计算成本的要求

（1）变动成本（原材料成本）根据每月销售量测算。

（2）固定成本按月计算（固定资产折旧以及开办费、其他投资摊销按月计入固定成本）。

（3）月总成本为月变动成本与月固定成本之和。

二、测算利润

按月测算利润，基本了解文绣造型店能否盈利、盈利多少。

计算公式如下：

利润 = 销售收入 – 经营成本

将销售收入和经营成本等列出利润估算表（见表 5-3），可以帮助经营者分析文绣造型店是否有利润，既能看到销售收入，也能看到经营成本，并能测算是否盈利。

表 5-3　　　　　　　　　　　　利润估算表　　　　　　　　　单位：元

项目		月份							合计
		1 月	2 月	3 月	4 月	5 月	……	12 月	
销售收入									
经营成本	原材料费								
	房租								
	水电费								
	工资								
	促销费								
	保险费								
	……								
	总成本								
利润									

列表测算利润非常重要。如果盈利，可以考虑开店；如果亏损，需要及时分析出现问题的原因和环节，调整后重新制订计划。如果经过进一步调整，核算仍不盈利，建议暂缓开店。

创业是个系统工程，需要详细周密地制订计划。以上是开店前最基本的流程，目的是使创业者在开店时少走弯路，减少失败的概率。

附录1 文绣造型专项职业能力考核规范

一、定义

能够运用文绣专业工具和材料，通过对皮肤表层的消毒文饰，达到对面部眉毛、眼线、唇部的文饰造型美化的能力。

二、适用对象

运用或准备运用本专项职业能力求职、就业的人员。

三、能力标准与鉴定内容

能力名称：文绣造型　　　　　　　　　　　　　　　职业领域：美容师

工作任务	操作规范	相关知识	考核比重
（一） 文绣造型 理论基础	1. 能利用素描的表现方式绘画眉毛 2. 能正确选择文绣色料的颜色 3. 能按要求对顾客操作部位和工具进行消毒	1. 文绣造型的概念与发展 2. 文绣造型美学基础 3. 文绣工具用品准备 4. 文绣造型个人准备 5. 常用的消毒方法 6. 操作卫生与安全	25%
（二） 眉毛文绣 造型	1. 能根据不同脸形设计眉形 2. 能在仿真皮上正确进行眉毛文绣造型练习 3. 能进行真人雾眉文绣造型操作 4. 能进行真人线条眉文绣造型操作	1. 眉形的设计方式 2. 常见的眉形 3. 不同脸形适合的眉形 4. 仿真皮雾眉练习方法 5. 真人雾眉文绣造型方法 6. 线条眉的线条分类和排列 7. 真人线条眉文绣造型方法	25%
（三） 眼线文绣 造型	1. 能根据不同眼形设计眼线 2. 能进行真人眼线文绣造型操作	1. 眼线的概念 2. 眼部的结构 3. 眼线的分类 4. 不同眼形的眼线设计方法 5. 眼线文绣造型的操作技巧 6. 真人眼线文绣造型方法	25%

续表

工作任务	操作规范	相关知识	考核比重
（四）唇部文绣造型	1. 能根据不同唇形设计唇部文绣造型 2. 能进行真人唇部文绣造型操作	1. 唇部文绣的概念 2. 唇部的结构 3. 唇形的分类 4. 标准唇的特点 5. 唇形的设计方法 6. 真人唇部文绣造型方法	25%

四、鉴定要求

（一）申报条件

达到法定劳动年龄，具有相应技能的劳动者均可申报。

（二）考评员构成

考评员应具备该专项职业能力考核考评资格或相关职业（工种）考评资格；每个考评组中不少于3名考评员。

（三）鉴定方式与鉴定时间

技能操作考核采取实际操作考核。技能操作考核时间为90 min。

（四）鉴定场地与设备要求

操作场地光线充足，空气流通，整洁卫生，无干扰，具有安全防火措施。每名考生设一个工位，每个工位有足够的操作空间。场地配备同时满足15人（含）以上进行评价所需要的文绣造型操作设备及相应的产品工具。

附录2 文绣造型专项职业能力培训课程规范

培训任务	学习单元	培训重点难点	参考学时
（一） 文绣造型 理论基础	1.文绣造型认知	重点：文绣造型美学基础 难点：文绣造型素描	7
	2.工作准备	重点：文绣造型工具准备 难点：文绣造型工具的用途	3
	3.卫生与安全	重点：操作卫生与安全 难点：工具的卫生与安全使用	3
（二） 眉毛文绣造型	1.眉形设计	重点：眉形设计的操作 难点：不同脸形适合的眉形	3
	2.雾眉文绣操作	重点：真人雾眉文绣造型操作 难点：点雾造型	7
	3.线条眉文绣操作	重点：真人线条眉文绣造型操作 难点：文绣线条的描绘	7
（三） 眼线文绣造型	1.眼线设计	重点：眼线设计操作 难点：不同眼形的眼线设计	3
	2.眼线文绣操作	重点：真人眼线文绣造型的操作 难点：眼线文绣的上色	7
（四） 唇部文绣造型	1.唇形设计	重点：唇形的设计与操作 难点：不同唇形的设计	3
	2.唇部文绣操作	重点：唇部文绣造型的操作 难点：唇部文绣的上色	7
（五） 文绣造型店 创新创业	1.市场评估	重点：市场容量分析 难点：市场评估方法	2
	2.市场营销	重点：市场营销方案制定 难点：销售量预测	2
	3.启动资金预测	重点：启动资金预测 难点：固定资产预测	3
	4.财务计划制订	重点：成本核算 难点：销售和成本计划制订	3
总学时			60

注：参考学时是培训机构开展的理论教学及实操教学的建议学时数，包括岗位实习、现场观摩、自学自练等环节的学时数。